Klaus Margraf

Schadbilder an Beerenobst

erkennen und behandeln

QUELLE & MEYER

Schadbilder an Beerenobst

Beerenobst gehört in den meisten Gärten und teilweise auch in Kübeln auf Terrassen und Balkonen zu den bevorzugten Obstarten, da es vielerlei Vorteile mit sich bringt, unter anderem, dass die Früchte frisch und vollreif bei bestem Aroma geerntet werden können.
Das ist aber nur dann möglich, wenn die Pflanzen optimale Kulturbedingungen, insbesondere hinsichtlich Standort, Pflege, Düngung und Gesunderhaltung, bekommen. Bei den einzelnen Beerenobstarten können unterschiedliche Schaderreger den angestrebten Erfolg beeinträchtigen oder zunichtemachen.

Mit den nachfolgenden Diagnoseanleitungen werden Schäden an Erdbeeren, Johannisbeeren, Stachelbeeren, Himbeeren und Brombeeren beschrieben. Aus der Vielzahl von Schäden wurden nur die ausgewählt, die häufig Anlass für Anfragen waren. Zur Abwehr werden vor allem vorbeugende Maßnahmen empfohlen.

Bei direkten Bekämpfungsmaßnahmen sind Präparate mit natürlichen oder naturidentischen Wirkstoffen sowie aus der neuen Kategorie der Grundstoffe wie Lecithin, Backpulver, Milch oder Brennnessel zu bevorzugen. Hier lohnt sich eine Beratung bei den Pflanzenschutzämtern, Gartenakademien oder bei den Pflanzenschutzmittelherstellern.

Rutensterben

Hitzeschäden

Säulenrost

Ursache: Weißfleckenkrankheit. Der Erreger überwintert auf den absterbenden Blättern. Im Frühjahr werden durch hier gebildete Konidien die jungen Blätter infiziert. Besonders anfällig z. B. die Sorten 'Korona' und 'Mieze Schindler'.

Abhilfe: Im zeitigen Frühjahr die Pflanzen durchputzen und dabei alle über Winter abgestorbenen Blätter entfernen. Bei Neupflanzung auf ausreichende Abstände achten und weniger anfällige Sorten verwenden.

Auf Blättern häufig runde, weißliche, rot umrandete Flecken, die meist erst nach der Ernte auffällig werden. Die Krankheit ist vor allem in Lagen mit feuchtem Mikroklima als gefährlich einzuschätzen.

Ursache: Erdbeermilbe. Bei feuchter Witterung bzw. hoher Luftfeuchte finden 0,2 bis 0,3 mm lange, zwischen den Blatthaaren und -falten oder am Blattstielgrund lebende Erdbeermilben günstige Entwicklungsbedingungen. Ab Ende März erfolgt die Eiablage. Jährlich können 4 bis 8 Generationen entstehen. Mit einem Höhepunkt der Vermehrung ist im Hochsommer zu rechnen. Die Milben wandern auf Jungpflanzen über.

Abhilfe: Befallene Pflanzen sind aus dem Bestand zu entfernen. Auf keinen Fall dürfen hier Jungpflanzen entnommen werden. Neupflanzungen möglichst weit entfernt von befallenen Beeten durchführen.

Herzblätter kräuseln sich, bleiben klein oder entfalten sich gar nicht mehr und die Pflanze kümmert. Die Ertragsleistung im Folgejahr ist stark beeinträchtigt. Die Befallsnester im Bestand vergrößern sich von Jahr zu Jahr.

Ursache: Grauschimmelfäule, die bedeutendste Krankheit an Erdbeerfrüchten. Die Infektionen erfolgen (begünstigt durch feuchtes Wetter) vor allem während der Blütezeit.

Abhilfe: Geschlossene, windgeschützte Lagen und zu engen Pflanzabstand vermeiden. Nur drei Pflanzen pro laufendem Meter, genügend Abstand zwischen den Reihen. Im Frühjahr keine einseitig hohe Stickstoffdüngung durchführen, altes Laub entfernen. Rechtzeitige, mehrmalige Erntedurchgänge und das Entfernen kranker Früchte vermeiden Kontaktinfektionen. Unterlegen von Stroh/Holzwolle unter die Fruchtstände führt zum schnelleren Abtrocknen und vermeidet Fruchtinfektionen infolge von Bodenkontakt.

Auf infizierten Früchten bilden sich bräunliche und sich schnell vergrößernde Flecken. Die Früchte werden weichfaul und es entwickelt sich ein grauer Schimmelrasen.

Ursache: Hitzeeinwirkung (nichtparasitär)

Abhilfe: Extreme Schäden können durch Schattieren, z. B. mit Vogelschutznetzen, abgemildert werden.

Wenn Früchte der prallen Sonne ausgesetzt sind, erwärmen sie sich so stark, dass in der Frucht einzelne Zellen absterben. Bei extremer Hitze über 30 °C und direkter Sonneneinstrahlung sterben Blättern meist vom Rande her ab. Die Früchte werden in allen Entwicklungsstadien regelrecht „abgekocht", weich und fallen ab. Die Symptome sind an Stachelbeeren ähnlich. Sie sind sehr empfindlich gegenüber hohen Temperaturen und direkter starker Sonneneinstrahlung.

Ursache: Verrieseln von Beeren (nichtparasitär). Die Ursachen sind physiologischer Natur und vielfältig. Nasskaltes Wetter während der Blütezeit sowie Spätfröste, die eine mangelnde Befruchtung zur Folge haben, begünstigen das Verrieseln. Aber auch Trockenheit während der Blüte, Wurzelverletzungen und ungenügend ausgelichtete Sträucher oder andere mangelhafte Kultur- und Wachstumsbedingungen können als Ursachen in Betracht kommen. Besonders bei Schwarzen Johannisbeeren ist es meist eine genetische sortentypische Eigenschaft.

Abhilfe: Minderung dieser Symptome durch optimale Gestaltung der Wachstumsbedingungen.

Im Frühjahr kommt es zum Abfallen von jungen Früchten der Johannisbeeren in den ersten Wochen nach der Blüte. Die Trauben zeigen einen ungleichmäßigen Fruchtansatz.

Teilfrüchte reifen nicht aus, bleiben rötlich und hart. Sie sind ungenießbar.

Ursache: Brombeergallmilbe. Saugtätigkeit von mikroskopisch kleinen, 0,2 mm großen, weißlichen Gallmilben. Sie überwintern in Blattachseln, unter Knospenschuppen und in Fruchtmumien. Während des Austriebes sind Tiere in aufbrechenden Knospen und legen dort ihre Eier ab. Zur Blütezeit sind die Milben an den Kelchblättern zu finden. Im Lau-fe der Fruchtentwicklung halten sie sich in der Nähe des Fruchtbodens auf und saugen dort an den Teilfrüchten. Jährlich kommen mehrere Generationen vor. Ein Entwicklungshöhepunkt ist Ende August/Anfang September. Ab Mitte Oktober wandern die Tiere zu ihren Winterquartieren ab.

Abhilfe: Entfernen Sie die befallenen Früchte rechtzeitig und vernichten diese. Keine Fruchtmumien an den Trieben lassen. Ranken im Herbst kräftig zurückschneiden.

Besonders auffällig sind bei Schwarzen Johannisbeeren nach dem Laubfall Knospen, die sich rundlich, ballförmig vergrößert haben und deutlich von den kleinen schlanken befallsfreien Knospen zu unterscheiden sind.

Ursache: Johannisbeerknospengallmilbe. Die Rundknospen sind die Winterquartiere der mikroskopisch kleinen, nur 0,2 mm langen Gallmilben. Die Knospen treiben im Frühjahr gar nicht oder nur teilweise aus. Das beeinträchtigt das Wachstum und mindert den Ertrag der Sträucher. Ein indirekter Schaden entsteht dadurch, dass die Johannisbeergallmilbe der Überträger des virösen Atavismus ist. Durch diese Viruskrankheit werden die Blätter und Blüten deformiert sowie Anzahl und Größe der Früchte geringer. Bei starkem Gallmilbenbefall und gleichzeitigem Auftreten des virösen Atavismus kann der Ertrag um mehr als die Hälfte reduziert werden.
Die Gallmilben verlassen im Frühjahr (Ende März/Anfang April) ihre Überwinterungsquartiere. Bis Ende Juni/Anfang Juli sind sie freilebend auf den Zweigen der Sträucher und können durch Wind auf andere Sträucher der Schwarzen Johannisbeere getragen werden. Gegen Ende Juni beginnen die Tiere in die neu angelegten Knospen einzuwandern und sich zu vermehren. Die geschädigten jungen Knospen schwellen dann gallenartig an.

Abhilfe: Triebe mit verdickten Knospen sind bis spätestens Mitte März herauszuschneiden und zu vernichten. Bei stark befallenen Sträuchern lohnt es sich, diese völlig bis zum Erdboden zurückzuschneiden. Widerstandsfähig bzw. wenig anfällig sind die Sorten 'Titania' und 'Ometa'. Weiterhin scheint auch die Jostabeere nicht befallen zu werden.

Bei Johannis- und Stachelbeerstämmchen kommt es oft vor, dass Unterlage und Veredlung nicht gut zusammenwachsen. So entstehen nicht optimal durchgehende Wasserleitungsbahnen. Das führt zu einem partiellen oder völligen Absterben der Krone.

Ursache: Absterben der Krone bei Stämmchen (nichtparasitär). Es entsteht dann oft ein Defizit in der Wasser- und Nährstoffversorgung. Mit dem Dickenwachstum der Stämmchen werden die Verwachsungen an der Veredlungsstelle immer problematischer.

Abhilfe: Mit optimaler Wasser- und Nährstoffversorgung können die Auswirkungen abgemildert werden.

Ursache: (Rhizom-)Lederfäule.

Abhilfe: Erkrankte Pflanzen entfernen, Flächenwechsel durchführen, Jungpflanzen vor dem Setzen bis zum Blattherzen in eine Fosetyl-Brühe (mehrere Präparate zugelassen) tauchen.
Da der Erreger auch mit Jungpflanzen verbreitet werden kann, ist bei Neupflanzungen nur gesundes und anerkanntes Pflanzgut zu verwenden.

Die jungen Früchte verfärben sich braun und werden später lederartig fest („Lederfäule"). Reife Früchte bekommen milchigweiße, gummiartige Stellen und erweichen. Sie schmecken bitter und bleiben als Mumien an den Pflanzen. Das Rhizom verfärbt sich rotbraun, später Befall auch an Wurzeln. Infektion der Pflanzen vom Boden her direkt an der Oberfläche. Erkrankte Pflanzen welken plötzlich zunächst mit jüngeren, später auch älteren Blättern und können vertrocknen.

Ursache: Spätfröste (nichtparasitär). Während geschlossene Blüten bei derartigen Temperaturen noch etwas geschützt sind, ist bei offenen Blüten in Spätfrostnächten immer mit Schäden zu rechnen.

Abhilfe: Bei Nachtfrostgefahr Pflanzen mit Vlies abdecken.

Bereits bei geringen Minusgraden von -2 °C während der Blüte kommt es zu einem Schaden. Dies ist dann deutlich an einer Schwarzfärbung in der Blütenmitte zu erkennen. Bei einem Teilschaden treten später verkrüppelte Früchte auf.

Ursache: Schwarze Wurzelfäule. Komplex pilzlicher Erreger aus verschiedenen Gattungen, Bakterien, parasitische Bodennematoden und ungünstige Standortbedingungen wie kalte, zu Staunässe neigende Böden. Die primäre Ursache ist meist nicht zu ermitteln.

Abhilfe: Vorbeugend ist ein regelmäßiger Flächenwechsel vorzunehmen. Bei nicht ausreichend durchlässigen Böden ist die Struktur durch Zugabe von organischer Substanz (z. B. Dung oder Kompost) zu verbessern.

Von Faser- und Seitenwurzeln ausgehende, später auf die Hauptwurzeln übergreifende Fäule. Befallene Wurzelteile verfärben sich schwarz, vermorschen und lassen sich leicht vom noch weißen Zentralzylinder abziehen. In der Folge kümmern die Pflanzen und welken häufig zur Erntezeit. Es werden wenig oder gar keine Jungpflanzen gebildet. Früchte bleiben klein, werden notreif und vertrocknen. In Trockenperioden stirbt dann die ganze Pflanze ab. Jungpflanzen bilden nur kleine, vielfach gelbliche Blätter und sterben oft noch vor dem Ertragsbeginn ab.

Ursache: Grauschimmel. Der pilzliche Erreger ist ein Schwächparasit, der vor allem Pflanzen oder Pflanzenteile infiziert, deren Vitalität herabgesetzt ist. Er kann aber auch auf abgestorbenen Pflanzenteilen weiterleben. Von hier aus geht er leicht auf gesundes Gewebe über. Die Fruchtinfektionen erfolgen häufig während der Blüte an den alternden Blütenorganen.

Abhilfe: Vorbeugend Früchte täglich ernten, befallene aussortieren und vernichten. Weniger anfällige Sorten wie 'Schönemann', 'Rutrago' oder 'Rubaca' pflanzen. Bestände ggf. auslichten.

Infizierte Früchte werden weichfaul und haben einen grauen Schimmelrasen. Später schrumpfen und verhärten sie. Auch Ruten können befallen werden, die hellgraue Flecken mit Schimmelrasen zeigen. An infizierten Ruten bilden sich unter der Oberhaut die Dauerkörper des Pilzes.

Ursache: Himbeergallmücke. Ab Mitte Mai legen etwa 2 mm große Gallmücken ihre Eier in Knospennähe ab. Nach etwa einer Woche schlüpfen 2 mm bis 3 mm große orangerote bis rötlichgelbe Larven. Sie bohren sich in die Ruten ein, bilden Gallen und überwintern darin. Neben Himbeeren werden auch Brombeeren befallen.

Abhilfe: Entfernen Sie sofort die als befallen erkannten Ruten und vernichten diese.

An den Ruten bilden sich ovale bis kugelförmige Gallen. Die Gallenbildung kann zu einer Unterbrechung der Wasserleitung in der Pflanze führen. So stirbt dann der über den Gallen liegende Triebteil ab.

Ursache: Kleine Himbeertrieblaus. Besondere Bedeutung erhält die Blattlausart als Überträger von Viruskrankheiten. Sie überwintert in Eiform an den Knospen im oberen Rutenbereich. Im Frühjahr (März/April) schlüpfen die zunächst ungeflügelten, bis zu 1,8 mm großen, hell- bis graugrünen Läuse. Sie bilden Kolonien an Trieben und Blättern. Später entwickeln sich auch geflügelte Tiere, die vorrangig einzeln an den Blattunterseiten zu finden sind. Im Sommer besiedeln sie auch den Fingerstrauch.

Abhilfe: Meist geringes Auftreten der Läuse. Direkte Maßnahmen werden nicht nötig.

Die Triebspitzen sind gestaucht, die Blätter eingerollt. Hier sitzen graue, mit Wachs bepuderte Blattläuse.

An Schwarzen und neuerdings auch an Roten Johannisbeeren sowie Jostabeeren bildet sich etwa im Juni zunächst auf der Blattunter-, später auch -oberseite und auf jungen Trieben ein mehlartiger, anfangs weißer, später dunkelbrauner Pilzbelag. Vorzeitiger Blattfall möglich, Triebspitzen sterben ab und die Sträucher werden geschwächt. Als wenig anfällig bis widerstandsfähig gelten beispielsweise die Sorten 'Titania' und 'Ometa'.
An Stachelbeeren sind die Triebspitzen im Frühjahr zuerst mit weißem, dann braunem Pilzbelag überzogen. Sie verkümmern, sind gestaucht oder korkenzieherartig verkrümmt und sterben oft ab. Infizierte Blätter werden vorzeitig abgeworfen. Früchte bleiben im Wachstum zurück, reifen nicht aus und haben einen dunkelbraunen Pilzbelag. Die Sträucher werden allgemein geschwächt und frostempfindlicher. Widerstandsfähig sind u. a. die Sorten 'Reflamba', 'Rolonda', 'Rokula', 'Rote Eva', 'Rixanta', 'Resistenta' und 'Tatjana' oder 'Risulfa'. Bei der einst resistenten Sorte 'Invicta' ist es örtlich zum starken Rückgang der Widerstandsfähigkeit gekommen.

Ursache: Amerikanischer Stachelbeermehltau

Abhilfe: Befallene Pflanzenteile sofort abschneiden und vernichten. Für Neupflanzungen sind resistente Sorten zu bevorzugen. Wachstumsbedingungen optimieren.

Ursache: Johannnisbeerblasenlaus. Die Schäden treten vor allem an Roter, seltener an Schwarzer Johannisbeere auf. Bei starkem Befall können die Blätter absterben und die Triebentwicklung wird beeinträchtigt. Die Läuse schädigen nur im Frühjahr an den Johannisbeeren. Im Frühsommer entstehen geflügelte Formen, die dann auf Ziest (Stachys) und andere Lippenblütler als Sommerwirt wandern. Von dort kommen sie im Herbst wieder zu den Johannisbeeren zurück und legen ihre Wintereier ab.

Abhilfe: Ab Austrieb ist eine regelmäßige Kontrolle der Sträucher empfehlenswert. Je nach Befall können Behandlungen mit zugelassenen Insektiziden nötig werden.

Blattoberseits entstehen im Frühjahr blasenartige, meist rötliche, manchmal hellgelbliche Aufwölbungen. Unterseits in den „Blatthöhlungen" sitzen mehrere, 2 mm bis 3 mm große, gelbliche bis orangefarbene Läuse.

Ursache: Blattfallkrankheit. Die sich auf den Blattflecken an Johannis- und Stachelbeeren bildenden Sporen verbreiten die Krankheit bei feuchtem Wetter innerhalb der Sträucher und des Bestandes. Der pilzliche Erreger überwintert im abgefallenen Laub. Die Wintersporen werden hier etwa ab Anfang Mai freigesetzt.

Abhilfe: Zur vorbeugenden Bekämpfung ist im Herbst das Laub unter den Sträuchern zu entfernen, wenn ein völliges Untergraben nicht möglich ist. Durch optimale Nährstoff- und Wasserversorgung lässt sich die Widerstandsfähigkeit der Sträucher erhöhen. Bei Neupflanzungen ist z. B. die widerstandsfähige Sorte 'Resistenta' zu bevorzugen.

Auf den Blättern entstehen bei feuchter Sommerwitterung zunächst kleine bräunlich-violette Flecke, deren Zahl ständig zunimmt, die Blätter vergilben partiell oder völlig. Die Blattränder rollen sich oft nach oben ein. Die Blätter vertrocknen und werden vorzeitig, manchmal sogar vor der Fruchtreife, abgeworfen. Befallsbeginn besonders im unteren Bereich der Sträucher. Bei den Johannisbeeren werden vorzugsweise rote und gelbe Sorten befallen.

Ursache: Johannisbeersäulenrost. Die auf den „Säulen" gebildeten Sporen infizieren noch im Herbst Weymouthskiefern sowie andere fünfnadelige Kiefernarten und rufen hier den Weymouthskiefernblasenrost hervor. Ein gelegentlicher Wiederaustrieb schwächt die Johannisbeersträucher. Es gibt Sortenunterschiede in der Anfälligkeit. So sollen z. B. 'Titania', 'Ometa' und auch Jostabeeren widerstandsfähig sein.

Abhilfe: Bei Neupflanzungen weniger anfällige Arten und Sorten bevorzugen. Wo es möglich ist, sollte die Nachbarschaft von fünfnadeligen Kiefern und Johannisbeeren vermieden werden.

Der von Kiefern kommende Pilz infiziert die jungen Blätter der Schwarzen Johannisbeere, auf denen ab Juli kleine gelbe Flecken entstehen. In deren Bereich sind unterseits Rostpusteln zu finden. Im Spätsommer entwickeln sich hier orange bis braune, dünne, bis 1,5 mm lange säulenartige Sporenlager. Stark befallene Blätter fallen vorzeitig ab.

Ursache: Kleine Johannisbeertrieblaus. Der Schädling ist in den letzten Jahren örtlich verstärkt aufgetreten. Die Blattläuse überwintern als Ei an den Trieben und schlüpfen im Frühjahr. Im Sommer treten geflügelte Läuse auf, die sich aber nur auf Johannisbeeren verbreiten. Die Wintereier werden im Herbst abgelegt.

Abhilfe: Bei ersten Symptomen sind Behandlungen mit zugelassenen Insektiziden ratsam.

Blattverkrüppelungen und -verdrehungen ab Juni/Juli. Zahlreiche, etwa 2 mm große, graugrüne mit Wachs bepuderte Läuse sitzen sowohl an Blättern als auch an Trieben. Neben Blattverkrüppelungen werden Triebstauchungen und durch Honigtauausscheidungen erhebliche Beeinträchtigungen des Triebwachstums und der Qualität der Früchte verursacht. Durch die Honigtaubildung ist ein verstärkter Ameisenbesuch zu beobachten.

Die Triebe zeigen im unteren Teil braune bis blauviolette Flecke, die sich vergrößern und die Rute umfassen können. An den verfärbten Stellen stirbt die Rinde ab und löst sich meist vom Holzkörper. Die Flecken erscheinen dann silbrigweiß bis grau. Vielfach verfärbt sich die Rinde dicht über dem Boden schwarz und platzt hier auf. Das Laub der betroffenen Ruten wird vorzeitig gelb und die Fiederblättchen fallen ab. Befallene Ruten treiben meist nur kümmerlich aus und setzen kaum Früchte an. Sie vermorschen über dem Boden, werden brüchig und sterben vorzeitig ab. Oft sind die Symptome schon im Frühjahr an den Jungruten.

Ursache: Himbeerrutensterben – mehrere pilzliche Erreger. Sie überwintern auf den befallenen Ruten. Rindenverletzungen, Frost oder Befall mit der Himberrutengallmücke, Schnittwunden und Scheuerstellen an den Haltedrähten können den pilzlichen Erregern günstige Eintrittspforten schaffen. In regnerischen Perioden besteht die Gefahr, dass die Pflanzen über einen langen Zeitraum infiziert werden können. Besonders gefährdet sind überalterte Anpflanzungen.

Abhilfe: Die wichtigste vorbeugende Maßnahme ist, den Pflanzen ein zügiges optimales Wachstum zu ermöglichen. Dazu sind sie reichlich mit Humus zu versorgen, der die Bodenfeuchte hält. Die Tragruten für das nächste Jahr sollten nicht dichter als etwa 8 bis 10 Stück pro laufenden Meter stehen. Unmittelbar nach der Ernte werden die abgetragenen Ruten am Boden unter der Mulchschicht weggeschnitten. Bei Neupflanzungen sind widerstandsfähige Sorten wie z. B. 'Rusilva', 'Gradina' oder 'Willamette' zu bevorzugen. Bei Herbstsorten wie 'Primeberry Autumn Amber', 'Heritage', 'Autumn Bliss' (Blissy) oder 'Golden Bliss' ist der Vorteil, dass deren Ruten nach der Ernte sowieso völlig zurückgeschnitten werden.

Hinweis: In den letzten Jahren ist die Kirschessigfliege auch verstärkt an Himbeeren aufgetreten, deren Maden erhebliche Schäden an den Früchten verursachen. Über Bekämpfungsmöglichkeiten ist eine Beratung beim amtlichen Pflanzenschutzdienst ratsam.

Danksagung: Der Autor bedankt sich beim Quelle & Meyer Verlag für die Aufnahme des Themas in die Reihe der „Bestimmungskarten" und bei Herrn Kaschinski für die bewährte, gute Zusammenarbeit.

Bildnachweis: Alle Bilder stammen von Klaus Margraf.

Weitere von Klaus Margraf im Quelle & Meyer Verlag erschienene Titel:
Prächtige Blütensträucher – Schäden und Krankheiten erkennen und behandeln (ISBN 978-3-494-01942-0)
Bestimmungskarte „Schadbilder an Zimmerpflanzen" (ISBN 978-3-494-01979-6)

Bibliografische Information der Deutschen Nationalbibliothek
Die Deutsche Nationalbibliothek verzeichnet diese Publikation in der Deutschen Nationalbibliografie; detaillierte bibliografische Daten sind im Internet über http://dnb.d-nb.de abrufbar.

www.quelle-meyer.de
ISBN 978-3-494-02266-6
Best.-Nr.: 4942266

9 783494 022666